Michael Richard Craig

All van Copyrite 2013

voorgebe*houde rechten.

Geen beeld van dit boek kan worden gereproduceerd, in een herwinningssysteem worden opgeslagen, of op om het even welke manier worden overgebracht, elektronisch, mechanisch, fotokopiërend, registrerend of anders, zonder geschreven toestemming van de auteur.

Speciaal dankzij mijn prachtige, ongelooflijke, verbazende en houdende van vrouw Carol! Uw steun en vertrouwen in me en uw aanwezigheid door me aangezien wij jonge geitjes zijn kostbaarder aan me dan waren kan ik uitdrukken.

Woorden en illustraties door
Michael Richard Craig

1   2

5   6

9

3   4

7   8

  10

Één

1

Dwaas

Gezicht

Twee 2 Dwaze Gezichten

Drie

3

Dwaze Gezichten

Vier

4

Dwaze
Gezichten

Vijf

5

Dwaze

Gezichten

Zes
6
Dwaze
Gezichten

Zeven

7

Dwaze

Gezichten

Acht

8

Dwaze

Gezichten

Negen

9

Dwaze Gezichten

Tien

10

Dwaze

Gezichten

Het eind.

Goede

Baan!

Deze gezichten zijn van de inzameling de „Vele Gezichten van Michael Richard Craig" dit eerste in een tien volumereeks van het tellen van dwaze gezichten aan honderd is.

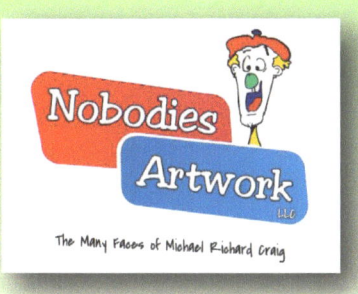

Nobodiesinc@yahoo.com

TeeGeeBeeTeeGee

www.ingramcontent.com/pod-product-compliance
Lightning Source LLC
Chambersburg PA
CBHW041119180526
45172CB00001B/334